本书受上海市教育委员会、上海科普教育发展基金会资助出版

生命的密码
——DNA

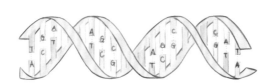

上海教育出版社
SHANGHAI EDUCATIONAL
PUBLISHING HOUSE

图书在版编目(CIP)数据

生命的密码——DNA / 徐蕾主编. – 上海: 上海教育出版社,
2016.12
（自然趣玩屋）
ISBN 978-7-5444-7350-7

Ⅰ.①生… Ⅱ.①徐… Ⅲ.①脱氧核糖核酸 – 青少年读物
Ⅳ.①Q523-49

中国版本图书馆CIP数据核字(2016)第287997号

责任编辑　芮东莉
　　　　　黄修远
美术编辑　肖祥德

生命的密码——DNA

徐　蕾　主编

出　　版　上海世纪出版股份有限公司
　　　　　上 海 教 育 出 版 社
　　　　　易文网 www.ewen.co
地　　址　上海永福路123号
邮　　编　200031
发　　行　上海世纪出版股份有限公司发行中心
印　　刷　苏州美柯乐制版印务有限责任公司
开　　本　787×1092 1/16 印张 1
版　　次　2016年12月第1版
印　　次　2016年12月第1次印刷
书　　号　ISBN 978-7-5444-7350-7/G·6059
定　　价　15.00元

(如发现质量问题，读者可向工厂调换)

目录

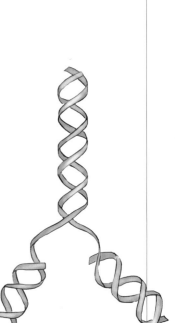
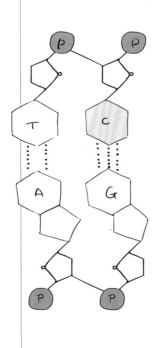

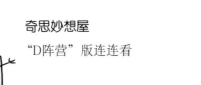

全家福的启示

● 请寻找四张照片，包括爸爸、妈妈、自己和自己喜欢的生物的照片。将它们打印出来，依次贴上。

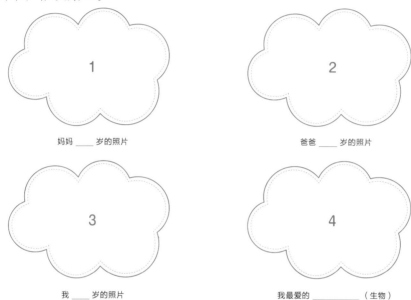

妈妈 ____ 岁的照片

爸爸 ____ 岁的照片

我 ____ 岁的照片

我最爱的 _____（生物）

注：图1、2、3，要求找到同一年龄或相近年龄段的照片。

● 仔细看看，比较一下，你发现了什么？

好像我的 _____（五官名称）像爸爸；

我的 _____（五官名称）像妈妈。

一样是生命，我最爱的 _____（生物）和我长得完全不一样，它真的跟我没有一点相似之处吗？

● 难道这就是人们常说的遗传吗？正所谓：龙生龙，凤生凤，老鼠生儿会打洞！遗传总是保证生物的后代与它们亲代的相似性。可是，为什么遗传有这么神奇的特性呢？让我们带着这些问题，走近一支训练有素的队伍，一起探究生命的奥秘吧！

基因特工队

● 生命的密码是什么？它不是一串数字，也不是一串字母，而是一种叫作DNA的特殊分子。其中，起作用的单位，就被称为"基因"，它实质上是一种具有遗传效应的DNA片段。细胞内的基因组成了一支特别的"基因特工队"，掌控着生物的遗传，它们各司其职，演奏着生命的乐章。一起来看看它们的"战果"吧！

受争议的食品

● 在我国，下列哪些蔬果的栽培运用了转基因技术？

A、番木瓜　　B、玉米　　C、土豆　　D、圣女果　　E、棉花

● 在我国被批准生产的转基因作物只有番木瓜和棉花。

出生在中国的我们，可和转基因技术无关哦！

转基因技术

通过人工分离和修饰过的基因导入生物体基因组中，借助导入基因的表达，引起生物体性状可遗传变化的一项技术。

● 在餐桌上，还有一些转基因食品。查一查，把你了解到的结果填写在表格里。

序号	食品名字	转基因前的特点	转基因后的特点
1			
2			
3			
4			
5			

生命的密码——DNA

那些难移的本性

● 大家来找茬：仔细观察两姊妹的卡通像，把她们的五个不同之处圈出来。

● 发现了吗？左边的女孩长着一头自然卷的头发，还有大大的耳垂和蓝色的眼睛；右边的女孩虽然不能卷舌，但是她的大拇指翘得可高了！现在科学研究表明，这些"本性"都是由显性基因决定的。

● 你身边是不是有这样的一位小伙伴：他（她）坚持运动，控制饮食，却总是没有办法减肥成功？

他（她）是＿＿＿＿＿＿＿＿＿＿＿。

▲ 基因靶向技术

● 其实并不是他（她）不努力，只是由于一支肥胖特工队活跃在他（她）体内，属于易胖体质。那是不是就彻底无药可救了呢？请你给他（她）支支招。

我建议＿＿＿＿＿＿＿＿＿＿＿＿＿。

答案：采用基因靶向技术治疗肥胖分子，基因靶向技术就像射击手一样，把待改造的某个基因比作靶心，先将重组的那一小段DNA片段送入某个待改造细胞的基因组中，从而将该小段目标基因改造成功。

生命的飞跃

● 你见过黑猩猩吗？想想看，你和黑猩猩在外形特征上有哪些异同点。

● 没错，黑猩猩具有与人类最近的亲缘关系，二者基因相似度高达98%以上。正是那一点点的不同，竟然造就了两种不同的生物体，这就是基因的神奇之处："四两拨千斤"，小小的不同会造就很大的差别。通过基因组的比较，科学家们发现人类与香蕉的DNA相似度约50%，与狗的相似度可达80%。

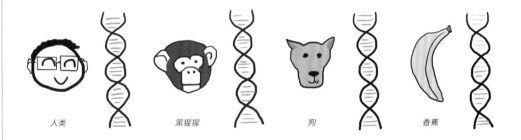

人类　　　　　黑猩猩　　　　　狗　　　　　香蕉

▲ 文中提及的DNA的比较

● 既然人类与这些生物的基因如此相似，是否可以提取一段香蕉的DNA、一段狗狗的DNA和一段黑猩猩的DNA，像魔法师配置药水一样，把它们组合一下，念一段咒语，让这些混合物变成人类？答案是否定的。因为每个基因片段都有特别的排列和表达，就像你玩过的泡泡龙一样，只有匹配正确了，才会被激活。

生命的密码——DNA

探访 "基因训练营"

● "号外！号外！D阵营正招募新兵！"一组基因片段走过你的身边，塞给你一份招募令，看看招募条件有哪些，你符合吗？

体型要求
具有A、T、C或G的基本结构。

学历要求
了解双螺旋结构、碱基互补配对原则，能参与半保留复制。

We Want You!

D阵营

● "基因训练营"的将领就是核酸，呈酸性。训练营共分为两大阵营：以脱氧核糖核酸（DNA）为首的"D阵营"，主要分布在细胞核内；以核糖核酸（RNA）为首的"R阵营"，主要分布在细胞核外的细胞质内。与激战时的双方不同，"D阵营"与"R阵营"完全没有敌对关系。在大多数的生物细胞内，两者相辅相成，共同完成生命活动。

● 大部分生物拥护的是"D阵营"。"D阵营"在排兵布阵上"心思缜密"，直到1953年，两位年轻人沃森（Watson）和克里克（Crick）才发现DNA是一种"双螺旋结构"，两人因此而获得了1962年的诺贝尔生理学或医学奖。这个发现更是让生物学研究得以进入分子时代，迅猛发展。以下是一些简单和复杂的"D阵营"。

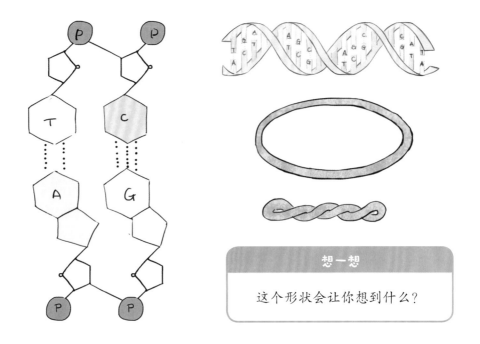

想一想

这个形状会让你想到什么?

R阵营

● 一些病毒是"R阵营"的忠实粉丝,它们是一类简单到没有细胞结构的特殊生命。部分病毒的遗传物质是RNA,同样能够承担为生命编码的功能。当这类病毒侵染其他生物的细胞时,会借助寄主细胞的"工具"由RNA合成出相应的DNA来完成生命活动。所以,说到底,指导一切生命活动的终极特工还是DNA!

想一想

"R阵营"是如何"排兵布陈"的?

▲ SARS病毒

▲ 埃博拉病毒

▲ 烟草花叶病毒

4个角色

● 通过水解，科学家们已经掌握了复杂的"D阵营"成员的基本信息，DNA由脱氧核苷酸组成。脱氧核苷酸的装备由1个脱氧核糖、1个磷酸和1个含氮碱基组成。气质不同的4种含氮碱基也为这场"战争"增添了不少看点。

▲ 磷酸　　　　　　▲ 脱氧核糖　　　　　　▲ 含氮碱基

● 含氮碱基可分为两大类：嘌呤（piàolìng）和嘧啶（mìdìng）。

● DNA中含有4种含氮碱基，分别是：腺嘌呤（Adenine，简称A）、鸟嘌呤（Guanine，简称G）、胞嘧啶（Cytosine，简称C）和胸腺嘧啶（Thymine，简称T）。

画一画	
设计装备，组成"D阵营"的4个基本角色。　◆ 提示：脱氧核糖空着的小手是为含氮碱基们准备的。	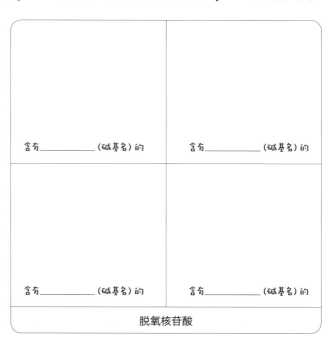

含有＿＿＿＿＿（碱基名）的　　　　含有＿＿＿＿＿（碱基名）的

含有＿＿＿＿＿（碱基名）的　　　　含有＿＿＿＿＿（碱基名）的

脱氧核苷酸

2种"队形"

● 万变不离其宗，既然已将4个角色的外形牢记于心了，那就来看看它们平时是如何"化繁为简"地开展日常训练的吧！

● 在双螺旋的"D阵营"中，各角色两两分组，它们之间相互了解，彼此连接，在奇妙的"氢键"中，不仅可以变形、拆开，还能再黏合。A与T相配对，形成两个氢键；G与C相配对，形成三个氢键。这种"队形"的搭配在生物学上就叫作"碱基互补配对原则"。

画一画

请画出"D阵营"的2种"队形"。

◆ **提示**：用虚线连接碱基。

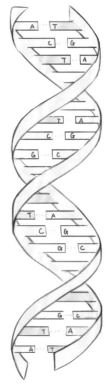

▲ DNA双螺旋结构

_____ 与 _____	_____ 与 _____

"半保留"的招募

● 在特工队执行任务时,"D阵营1.0"被拆开了,被一分为二的两条链分别作为模板链(又叫母链),根据碱基互补配对原则,指导新的"D阵营1.1"(互补链)的合成。这样,一个DNA就形成了两个完全相同的DNA。由于新的DNA中都保留着一条原来的母链,在生物学上,这种复制方式被称为半保留复制。

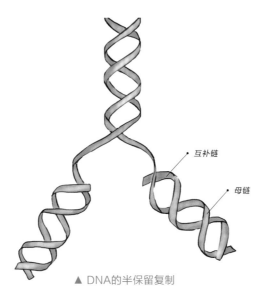

▲ DNA的半保留复制

画一画	想一想
用彩色笔,绘制DNA"半保留复制"(红色代表模板链,蓝色代表新生成的单链)。	再看看"D阵营"招募令,你有资格报名吗?

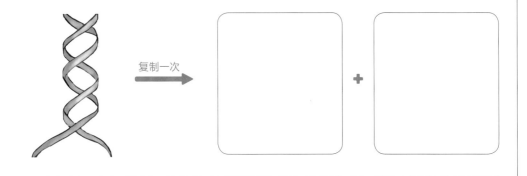

复制一次

+

自然探索坊

挑战指数： ★ ★ ★ ★ ★
探索主题： 让DNA跃然眼前
你要具备： DNA的构造与特点的基本知识
新技能获得： 空间想象力、创造力

拼装DNA

● 双螺旋结构由简单的三种物质（磷酸、脱氧核糖、含氮碱基）组成，赶紧用积木、橡皮泥、牙签、纸片等材料，拼装一个DNA吧！记得随手拍照上传到上海自然博物馆官网以及微信"兴趣小组—自然趣玩屋"，与大家一起分享你的创意哦！

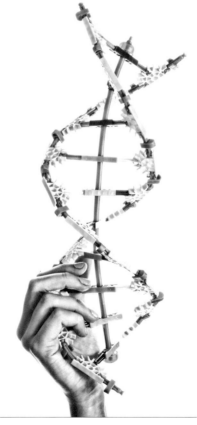

在你的厨房里提取DNA

材料准备： □ 玻璃烧杯　　□ 洗洁精　　□ 隐形眼镜清洗液
　　　　　　　　□ 食盐　　　　□ 筷子　　□ 浓度为75%的酒精

制作步骤：

❶ 用玻璃烧杯收集少量唾液。

❷ 加入几滴洗洁精，摇晃混匀。

❸ 加入几滴隐形眼镜清洗液，摇晃混匀。

❹ 加入少量食盐，摇晃混匀。

❺ 倾斜玻璃烧杯，慢慢加入酒精，直至装满玻璃烧杯。

❻ 平置烧杯，现在在酒精和唾液层之间，能够看到呈固态絮状的DNA，用筷子轻轻搅拌，将DNA缠绕并拉出水面，就可以目睹DNA的真容了。

"密码子"游戏

● 当"D阵营"作战时，需要外力的协助，其中之一就是来自"R阵营"的信使RNA。信使RNA仅仅靠3个相邻的碱基组成一套"密码子"，就帮助它稳坐"翻译家"的宝座。

◆ **注意**：在"R阵营"的碱基里少了一个T，多了一个尿嘧啶（Uracil，简称U）。

密码表

密码子	拼音	密码子	拼音	密码子	拼音	密码子	拼音
AAA	a	CAA	q	GAA	G	UAA	W
AAC	b	CAC	r	GAC	H	UAC	X
AAG	c	CAG	s	GAG	I	UAG	Y
AAU	d	CAU	t	GAU	J	UGU	Z
ACA	e	CCA	u	GCA	K	UCA	1
ACC	f	CCC	v	GCC	L	UCC	2
ACG	g	CCG	w	GCG	M	UCG	3
ACU	h	CCU	x	GCU	N	UCU	4
AGA	i	CGA	y	GGA	O	UGA	5
AGC	j	CGC	z	GGC	P	UGC	6
AGG	k	CGC	A	GGG	Q	UGG	7
AGU	l	CGU	B	GGU	R	UGU	8
AUA	m	CUA	C	GUA	S	UUA	9
AUC	n	CUC	D	GUC	T	UUC	0
AUG	o	CUG	E	GUG	U	UUG	空格
AUU	p	CUU	F	GUU	V	UUU	.

对照这个密码表，猜猜下面这句隐语说的是什么？

隐语：AUCAGA ACUAAAAUG   答案：＿＿＿＿＿＿＿＿＿

生命的密码——DNA

奇思妙想屋

"D阵营"版连连看

● 还记得"D阵营"在招募新兵吗？现在已有不少勇士在大厅里等候，但是里面鱼龙混杂，请帮助DNA将军来做个初步筛选吧！

◆ 提示：

1. "D阵营"应有几个角色？请把不符合的圈出来。

2. "D阵营"的基本队形是怎样的？请把它们连起来！

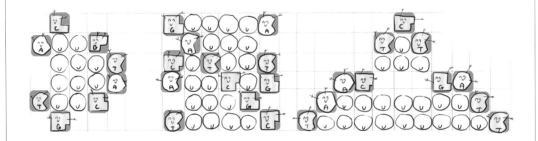

● 现在请你为RNA将军也设计一款"R阵营"版连连看，并把它上传到上海自然博物馆官网以及微信"兴趣小组—自然趣玩屋"，与大家一起分享创意，并传递生命的密码。

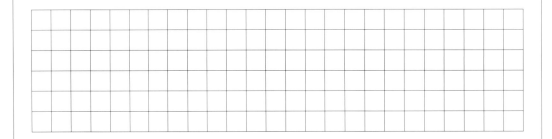